AF268072

SEJOUR

DE

JEAN-JACQUES ROUSSEAU

A BOURGOIN.

NOTES HISTORIQUES

SUR LE SÉJOUR

DE

JEAN-JACQUES ROUSSEAU

A BOURGOIN,

DURANT LES ANNÉES 1768, 1769 ET 1770;

PAR

LE Dr A. POTTON.

LYON.

IMPRIMERIE DE L. BOITEL,

QUAI ST-ANTOINE, 36,

1844.

SÉJOUR

JEAN-JACQUES ROUSSEAU

A BOURGOIN,

DURANT LES ANNÉES 1768, 1769 ET 1770.

A vie de la plupart des personnages illustres a été étudiée avec attention par les historiens de tous les temps : on a recueilli soigneusement leurs pensées, leurs paroles, leurs actions, soit que par leur importance elles puissent servir de leçon ou d'exemple, soit qu'on les destine simplement à faire apprécier le caractère, les habitudes et la nature particulière du sujet.

Il est peu d'hommes, sous ces différents rapports, qui aient donné lieu à autant d'écrits que **J.-J. Rousseau**. Sa vie a été reproduite presque aussi souvent que ses travaux littéraires ou philosophiques ont été discutés. Il a laissé lui-même sa

1 *

biographie dans laquelle, dévoilant avec audace toutes ses pensées, tous ses actes, il ose révéler à la postérité les nombreuses vicissitudes de son existence. Mais ses *Confessions* ne vont que jusqu'au mois d'octobre 1765; il a vécu treize ans encore au milieu des agitations suscitées à chaque instant par ses envieux, par les contradicteurs de ses doctrines, et plus ordinairement par les mauvaises dispositions de son esprit inquiet et méfiant qui lui montrait, partout, constamment, des hommes jaloux de son génie ou attachés à sa perte.

Ainsi, au mois de juin 1768, il quitta le château de Trye en Normandie, où le généreux prince de Conti lui avait offert un asile, à son retour d'Angleterre. « Je ne puis habiter plus longtemps, écrivait-il à son protecteur, un lieu où la gloire et l'opprobre se partagent mon séjour. »

Pour se consoler de tous ses chagrins et faire diversion aux tristes souvenirs qui le poursuivaient, qui, à force d'affecter son cœur, altéraient sa raison, il se décida à chercher de nouveau dans les voyages, dans la botanique, les amusements, les distractions dont il avait besoin. Ayant avec lui, pour tout bagage, une faible partie de son herbier et quelques livres, voyageant seul, il arriva à Lyon, le 18 juillet 1768. Il dut s'y arrêter pour se remettre des fatigues de la route, vint loger, suivant sa coutume, à l'hôtel de Notre-Dame-de-Pitié, situé rue Syrène. Une inscription consacre la mémoire de son passage: ce fut la maison où il descendit toujours de préférence; en 1732, il y était venu pour la première fois.

Rousseau profita de son séjour à Lyon pour herboriser dans les campagnes environnantes. Dans une visite à Roche-Cardon, à la propriété de Mme Bois de la Tour, il trouva l'Aristoloche, *(Aristolochia clematitis)* qu'il n'avait jamais vue ; cette découverte le combla de joie : au premier coup-d'œil, dit-il à son ami Dupérou, je la reconnus avec transport.

Quoiqu'il parut en général détester et fuir la société, Rous seau, dans un pays, se créait immédiatement des relations avec les hommes instruits qui s'y rencontraient.

Déjà, quelques jours après son arrivée, il avait établi des rapports avec quelques anciennes connaissances ; il en avait fait de nouvelles : il s'était lié avec l'illustre La Tourrette, qu'il appelait un botaniste aussi savant qu'aimable, avec le célèbre abbé Rozier, avec le docteur Gilibert, avec l'abbé de Grangeblanche, qu'il ne plaçait point sur la même ligne que les premiers, puisqu'il était, à son avis, plus zélé pour la science que véritablement instruit. Ensemble, ils firent une excursion à la Grande-Chartreuse en Dauphiné, « et c'était là, écrivait-il encore, une belle et bonne compagnie botaniste. » Cette compagnie, après quelques jours d'étude, revint à Lyon, tandis que lui, il se dirigea sur Grenoble, voulant aller à Chambéry, visiter le tombeau de sa mère (c'est ainsi qu'il appelait Mme de Warens), pleurer sur sa cendre de lui avoir survécu. Mais, suivant ses propres expressions, il ne put tromper l'œil vigilant de la malveillance, il fut arrêté à la frontière, ne passa point en Savoie comme l'avance la *Biographie universelle* de Michaud ; il revint sur ses pas, et pour se soustraire aux *satellites flagorneurs et fourbes dont on l'entourait,* ayant, depuis quelque temps, quitté le nom de Rousseau pour celui de Renou, il s'établit provisoirement entre Lyon et Grenoble, dans la petite ville de Bourgoin. Le 8 août 1768, il descendit à l'auberge de la *Fontaine d'Or.*

J'ai visité souvent, dans mon enfance, l'asile plus que modeste qu'il avait choisi, la chambre où il habita, où furent crayonnées sur la muraille ces maximes devenues pour lui la source de tant de persécutions ; elles étaient intitulées : « *Sentiments du public sur mon compte, dans les divers états qui le composent;* la modestie de l'auteur n'est point la vertu qui frappe à leur lecture, on peut en juger par les citations suivantes :

« Les rois et les grands ne disent pas ce qu'ils pensent de moi ; mais ils me traiteront toujours généreusement.

« La vraie noblesse qui aime la gloire et qui sait que je m'y connais, m'honore et se tait.

« Les magistrats me haïssent à cause du tort qu'ils m'ont fait.

« Les évêques, fiers de leur naissance et de leur état, m'estiment sans me craindre, et s'honorent en me marquant des égards.

« Les prêtres, vendus aux philosophes, aboient après moi pour me faire leur cour.

« Les chefs du peuple, élevés sur mes épaules, voudraient me cacher si bien qu'on ne vît qu'eux.

« Les beaux esprits se vengent en m'insultant de ma supériorité qu'ils sentent.

« Les auteurs me blâment et me pillent, les fripons me maudissent, la canaille me hue.

«Les gens de bien, s'il en existe encore, gémissent tout bas de mon sort, et moi je le bénis, s'il peut un jour instruire les mortels. »

Ces singulières inscriptions que Rousseau avait tracées dans sa chambre, furent inexactement copiées par quelques visiteurs indiscrets ou mal intentionnés. Bientôt dénaturées, tronquées dans leur composition et dans leur sens, elles coururent l'Europe entière ; publiées, commentées par les journaux, par les feuilles des Encyclopédistes, elles servirent leur vengeance, excitèrent des haines implacables, donnant lieu à des interprétations erronées, à des personnalités injurieuses.

Plusieurs de mes compatriotes, admirateurs de J.-Jacques, avec lequel ils avaient vécu, s'étaient posés en quelque sorte, comme les conservateurs de tous les souvenirs qui pouvaient rappeler le séjour de Rousseau dans nos contrées, aussi plus d'une fois il m'a été donné d'entendre de leur bouche quel

ques-uns des faits que je vais rapporter : l'exactitude de leur
récit est constatée par la correspondance de cette époque,
dont j'ai produit de nombreux extraits comme pièces justifi-
catives.

L'auberge de la *Fontaine d'Or*, à Bourgoin, n'a été dé-
truite que depuis peu, à la mort du propriétaire. Jusque là ,
on avait conservé, respecté le réduit où avait logé le grand
homme. — Ces diverses circonstances expliqueront sans doute
l'intérêt que j'ai attaché à ces notes. C'est un journal et non
une histoire que je transcris ; qu'on ne s'étonne donc pas de
la minutie de certains détails.

A Bourgoin, Rousseau comptait plusieurs amis : il avait
autrefois connu M. de Champagneux père ; le fils, qui habitait
alors cette ville, avait conservé des relations suivies avec lui ;
les protecteurs puissants qu'il avait à Grenoble, étaient à même
de le soutenir ; il se trouvait à proximité de Lyon, où plusieurs familles honorables lui donnaient des marques de bien-
veillance. Résolu de se livrer à son étude favorite, à la botanique qu'il cultivait avec passion , le pays le plaçait à cet égard
dans les conditions les plus favorables. Aussi, à peine installé
dans le cabaret du nommé Lavigne, il le fit savoir à Thérèse
Levasseur, pour qu'elle vînt le rejoindre apportant les livres ,
la collection de plantes qui lui restaient, composant alors toute
leur fortune.

Les papiers, les lettres, les manuscrits furent déposés par
son ordre, chez des amis ; cette confiance devint, plus tard,
l'origine de récriminations nombreuses et de plaintes amères.
Plusieurs de ses dépositaires, en effet, se montrèrent infidèles,
et abusèrent du dépôt qui avait été remis en leurs mains.

Plus Rousseau se voyait malheureux, plus il croyait avoir
à se plaindre des hommes, et limitait le nombre de ses re-
ations intimes, plus son affection semblait augmenter pour
a femme à laquelle il s'était attaché depuis vingt-cinq ans,

pour Thérèse Levasseur qu'il avait élevée jusqu'à lui, quoique si peu susceptible de le comprendre. C'est ainsi qu'avant
de fuir Grenoble, où de nouveaux chagrins l'accablaient; il
reportait vers elle son souvenir et lui exprimait, en ces termes,
ses sentiments d'amitié; c'était à la fin de juillet 1768 : « En-
nuyé, dégoûté de la vie, je n'y ai cherché, et je n'y ai trouvé
d'autre plaisir que de chercher à vous la rendre agréable et
douce; dans ce qui peut m'en rester encore, je ne changerai
ni d'occupations, ni de goût. »

C'est en vain que le comte de Clermont-Tonnerre, lieu-
tenant-général des armées du roi, commandant en Dauphiné,
voulut le retenir à Grenoble auprès de lui. Rousseau qui
abandonnait le prince de Conti et sa demeure, qui n'avait été
sensible ni à l'amitié, ni aux attentions délicates de Mme d'Epinay,
ni aux prévenances, ni aux bienfaits du maréchal de Luxem-
bourg, rejeta ses offres, aussi bien que celles de quelques
généreux Grenoblois qui essayèrent inutilement de le garder
parmi eux. Une longue et difficile négociation, conduite avec
bonté par **M.** de Clermont-Tonnerre, s'engagea entre **M.**
Faure de Grenoble, et le pauvre J.-Jacques, qui ne voulait
pas devenir son obligé, ni accepter un logement dans sa maison
de campagne, sans connaître à fond les motifs véritables d'un
tel empressement à le servir, sans savoir au juste, à quoi, *lui
Rousseau*, s'engageait en y entrant. Son esprit soupçonneux
trouva sur ces entrefaites, non pas un sujet, mais un prétexte
de refus; il naquit de l'histoire qu'on va lire.

Il y avait, à Grenoble, un misérable nommé Thevenin, ou-
vrier corroyeur, perdu de réputation, condamné déjà par un
jugement public comme imposteur. Cet homme annonçait
publiquement que J.-Jacques était son débiteur, lui ayant
emprunté, à la manière des escrocs, dans un instant de pénu-
rie, la somme de neuf francs, qu'il réclamait en vain depuis
plus de dix années. Cette ridicule calomnie, que des ennemis

firent circuler dans le monde, en la commentant de mille fa-
çons, aurait été méprisée par tout autre que par Rousseau,
mais il se trouva incapable de la supporter. Dans son trou-
ble, dans son désespoir, il ne sut point déjouer les perfides
manœuvres de ses adversaires ; au lieu de faire face à l'o-
rage, il se sauva à Bourgoin. Sa fuite, l'animosité, le scan-
dale donnèrent à cette bagatelle de grandes proportions,
un véritable éclat. Bientôt Rousseau vit dans ce Thevenin
un émissaire des philosophes, il songea à se justifier publiquement; il écrivit de Bourgoin, à ce sujet, de nombreuses lettres à MM. de Clermont-Tonnerre, Bovier, Faure, Dupérou, etc. ; il composa des mémoires, poursuivit une pro-
cédure, sollicita un arrêt de la justice. Tous ses amis l'assistèrent, et cependant J.-Jacques trouva le moyen de leur savoir
mauvais gré de leurs peines et de leurs démarches. Il vit dans
leurs efforts une comédie arrangée à l'avance, plutôt que l'intention de confondre le calomniateur. M. Faure était gagné,
M. Bovier vendu, un troisième dans l'erreur, le gouverneur
qui offrait de punir Thevenin, de l'emprisonner, n'accordait
pas, à ses yeux, une satisfaction suffisante, il l'outrageait en
ne proclamant pas avec éclat le résultat de l'enquête. M. de
Clermont-Tonnerre, en effet, reconnut et fit reconnaître la
fausseté des assertions de Thevenin, mais elles lui parurent
·indignes d'occuper le public d'une manière officielle. Dès cet
instant, malgré tout ce qu'il put faire, les sentiments de
Rousseau pour lui furent moins affectueux. Après des récriminations injustes, des plaintes exagérées, il cessa ses rapports avec ses amis grenoblois. Pour lui, ils étaient tous cou-
pables au même chef que Thevenin ; ils avaient failli, disait-il,
le perdre complètement par leurs mauvais procédés. Durant
plus de trois mois, cette affaire fut la seule qui occupa son esprit; elle avait pris dans sa pensée une importance immense
que ne lui accordèrent jamais les hommes raisonnables, c'est

dire assez qu'elle l'affligea profondément. C'est au milieu de cette triste polémique, au milieu de ces craintes absurdes, de ces chagrins cuisants, quoique imaginaires, qu'il passait sa vie, qu'il usait son intelligence, lorsque Thérèse Levasseur, qu'il avait mandée, qui seule pouvait le consoler, arriva à Bourgoin, au mois d'août 1768. Elle s'établit avec lui à l'auberge de la *Fontaine d'Or*.

Une petite chambre, ne contenant qu'un seul lit, choisie de la sorte pour diminuer les frais du loyer, meublée de quatre chaises, d'une table à tiroir qui servait de bureau et de pupitre, garnie d'une cheminée sur laquelle étaient fixés une glace et un trumeau, fut le réduit dans lequel ils s'installèrent tous les deux. Leurs ressources pécuniaires étaient si limitées à cette époque critique, que Rousseau, répondant à M. de Clermont-Tonnerre, qui le pressait de revenir à Grenoble pour confondre Thevenin, s'exprimait ainsi : « Je persiste dans la résolution de ne point retourner dans les lieux où cette histoire a été fabriquée, jusqu'à ce qu'elle soit bien éclaircie, pour ôter aux fabricateurs, quels qu'ils soient, la fantaisie d'en forger de rechef de semblables ; je trouve ici *un logement trop cher, à la vérité,* pour pouvoir *le garder longtemps ;* mais, où j'aurai le temps d'en chercher un plus à ma portée, où je puisse me croire à l'abri des imposteurs. Je n'y suis pas moins sous votre protection qu'à Grenoble, et si le mensonge et la calomnie m'y poursuivent, j'éviterai du moins le désavantage d'être précisément à leur foyer. »

Sa position si déplorable à tous égards, sur laquelle il s'efforçait parfois de s'étourdir, lui fit accomplir alors un dessein dont il avait depuis longtemps formé le projet ; ce fut pour faire diversion à ses ennuis qu'il l'exécuta. Sous le nom de Renou qu'il avait adopté, ainsi qu'on l'a vu plus haut, il épousa, à Bourgoin, la compagne de ses infortunes. « Voyant qu'à tout prix elle voulait suivre ma destinée, — écrivait-il à son ami Lalliaud, le 31 août 1768, quelques jours après son mariage, et pour le lui annoncer, —j'ai fait en sorte au moins qu'elle pût la suivre avec honneur, j'ai cru ne rien risquer de rendre indissoluble un attachement de vingt-cinq ans, que l'estime mutuelle, sans laquelle il n'est point d'amitié durable, n'a fait qu'augmenter incessamment; la tendre et pure fraternité, dans laquelle nous vivons depuis treize ans, n'a point changé de nature par le nœud conjugal, elle est, et sera, jusqu'à la mort, ma femme par la force de nos liens, et ma sœur par leur pureté. »

Comment concilier ces tendres, ces affectueuses paroles avec les suivantes citées dans la *Biographie universelle* de Michaud, comme tirées d'une lettre de reproches écrite à Thérèse, sitôt que J.-Jacques se fut retiré à Bourgoin : « Je n'aurai jamais songé à me séparer de vous, si vous n'aviez été la première à m'en faire la proposition. » Cette lettre, comme on le verra plus tard, ne date point de cette époque; au contraire, Rousseau regrettait alors très vivement l'absence de sa compagne, que des circonstances impérieuses, des devoirs à remplir, avaient séparés de lui. Aucune brouille sérieuse ne s'était produite : on ne trouve dans toute sa volumineuse correspondance aucune lettre de reproches avant l'année 1769. Depuis peu de temps même, il avait exigé que Thérèse fût traitée, en tout et partout, par ses bienfaiteurs, ses hôtes, ses amis, avec une déférence extrême, et comme son épouse légitime. Ce n'est que plus tard que les discussions commencèrent : nous le prouverons, en faisant connaître leur cause et leur date précise. Cette erreur, commise dans la *Biographie* de Michaud, est peu importante ; j'ai dû la relever néanmoins, parce qu'elle établit une espèce de contradiction entre la conduite de Rousseau et ses paroles. Ses sentiments, lorsqu'il s'est agi de sa femme, ont été ou du moins m'ont paru jusque-là toujours les mêmes. Il y a dans la vie de ce philo-

sophe assez de bizarreries, assez de manque de logique ou
de preuves de faiblesse, sans qu'il soit nécessaire de lui en
prêter encore.

Une autre inexactitude de la part de l'historien, est d'affir-
mer que le mariage fut célébré à Montquin. C'est à Bourgoin
même qu'il eut lieu ; j'ai connu dans mon enfance plusieurs
personnes qui s'en souvenaient, se plaisaient à rappeler les détails de cette cérémonie qui se fit sans éclat, mais non pas en
secret, non pas furtivement, ainsi que plusieurs auteurs l'ont
répété.

Les deux témoins officiels qui assistèrent Rousseau, furent,
suivant son expression, *deux hommes de mérite et d'honneur*,
officiers d'artillerie. L'un était **M.** Donin de Rosières, maire
et châtelain de la ville de Bourgoin, — dont les fils, actuel-
lement, habitent Lyon ; — l'autre son cousin, **M.** Champagneux : (ses fils, qui ont hérité de ses vertus et de ses talents,
existent encore ; tous ceux qui les connaissent savent qu'ils ne
sont pas déchus, et portent sur leurs personnes le jugement
dont **J.**-Jacques a honoré le père.) « Durant cet acte si court
et si simple, dit le philosophe racontant son union, j'ai vu
fondre en larmes ces deux dignes hommes, et je ne puis vous
dire combien cette marque de bonté de leurs cœurs m'a attaché à l'un et à l'autre. »

Pour retrouver un acte authentique de ce mariage, j'ai fait
de vaines recherches à la municipalité de Bourgoin ; les
registres publics de l'époque, remplis de lacunes, n'en font
aucune mention. S'il faut en croire même certaines lettres de
la correspondance qui, à mes yeux, je dois le déclarer, ne sont
pas très authentiques, ce mariage n'aurait pas été consigné
dans les registres de la commune ; le changement de nom,
sans doute aurait été un obstacle. Rousseau, comme je l'ai
dit, se faisait alors appeler Renou.

Voulant justifier sa conduite vis-à-vis de **M.** Dupérou qui lui reprochait de ne pas s'être marié sous le nom de Rousseau, d'avoir, dans l'acte public, solennel, remplacé celui-ci par un autre de son propre choix ; il expliquait ainsi les motifs de cette détermination. « Ce ne sont pas les noms qui se marient, ce sont les personnes ; et quand, dans cette simple et sainte cérémonie, les noms entrèraient comme partie constituante, celui que je porte aurait suffi, puisque je n'en reconnais plus d'autre. S'il s'agissait de fortune et de bien qu'il fallut assurer, ce serait autre chose ; mais vous savez très bien que nous ne sommes, ni elle ni moi, dans ce cas-là ; chacun des deux est à l'autre avec tout son être et son avoir, voilà tout. »

L'intention de Rousseau, dans le principe, n'avait point été de faire un très long séjour à Bourgoin, il voulait seulement y attendre la solution de l'affaire Thevenin, et choisir, en dehors de toutes les influences, de toutes les considérations extérieures, une demeure définitive ; mais le manque d'argent, des raisons de prudence, de santé, l'y retinrent dès le début. « Les voyages me font peur, surtout à l'entrée de la mauvaise saison ; tant de cabarets et de courses ne facilitent pas un bon établissement. « Je prends le parti de m'arrêter volontairement ici, avant que je me trouve par ma situation dans l'impossibilité d'y rester, et dans celle d'aller plus loin. »

Telles étaient ses réponses habituelles aux hommes qui l'engageaient à partir, à prendre une détermination.

Déjà âgé (il avait plus de 56 ans), atteint d'une cruelle affection, ses souffrances anciennes prirent un caractère plus aigu. Peu de temps après son mariage, forcé de garder la chambre durant plusieurs jours, il fut contraint aussi par la maladie de prendre un plus grand appartement, pouvant au moins recevoir deux lits, il quitta sa première chambrette, se logea plus à l'aise, mais toujours dans le même cabaret.

Il faisait par fois des excursions passagères à Grenoble, à

Lyon, dans quelques châteaux du Dauphiné; il s'embarquait rarement seul, et il fallait, de la part de ses compagnons de voyage, beaucoup d'habileté pour ne pas lui faire apercevoir ou sentir que les frais de la route n'étaient jamais à sa charge.

Les tracasseries de toute nature qu'il subit à cette époque, l'avaient momentanément détourné de la botanique; il ne laissait pas toutefois de s'y livrer par intervalle. Il éprouva, comme il le raconte lui-même, un très vif plaisir à cueillir, dans ses promenades, quelques plantes sinon jolies, du moins nouvelles pour lui, telles que l'*osyris* et le *térébinthe*, le *cenchrus-racemosus*, gramen maritime qu'il fut très surpris de rencontrer en ces parages, l'*hypopitis*, plante parasite qui tient de l'*orobanche*, le *crespis* fétide qui sent l'amande amère à pleine gorge.

M. Lalliaud, qui connaissait la position précaire de J.-Jacques, voulut le faire revenir chez le prince de Conti qui le comblait de prévenances; voici la réponse qu'il reçut, c'était au mois d'octobre: « Quoique ma position devienne plus cruelle de jour en jour, que je me vois réduit à passer dans un cabaret l'hiver dont je sens déjà les atteintes, et qu'il ne me reste pas une pierre pour y poser ma tête, il n'y a point d'extrémité que je n'endure plutôt que de retourner à Trye..... Egalement tourmenté, quelque parti que je prenne, je n'ai la liberté ni de rester où je suis, ni d'aller où je veux, je ne puis pas même obtenir de savoir où l'on veut que je sois, ni ce qu'on veut faire de moi. Il m'est venu cent fois dans l'esprit de proposer mon transport en Amérique; j'aurais fait cette tentative, si nous étions plus en état, ma femme et moi, d'en supporter le voyage et l'air........ Je voudrais trouver quelque moyen d'aller finir ma vie dans les îles de l'Archipel, dans celles de Chypre, ou dans quelqu'autre coin de la Grèce; malheureusement pour y aller, pour y vivre avec ma femme, j'ai besoin d'aide et de protection. Je ne serais pas sans espoir d'y rendre mon séjour de quelque utilité aux progrès de la botanique ; je ne suis pas un Tournefort ni un Jussieu, mais je me livrerais tout entier à ce travail, par plaisir, et jusqu'à la mort...... »

Avec des sentiments d'orgueil, d'amour-propre exagéré comme ceux de Rousseau, de tels aveux qu'il se voyait à chaque instant obligé de renouveler, devaient coûter immensément ; on le voit, du reste, par cette phrase qui revient presque dans chacune de ses lettres écrites de Bourgoin : « Dans l'état où l'on m'a réduit, je puis être franc impunément, je n'en deviendrai pas plus misérable...»

Pressé de se retirer dans le midi, dont le climat serait favorable à sa santé, ayant à sa disposition le château de Lavagnac, où il pourra vivre seul, tranquille, d'où il lui sera facile de venir à son gré à Montpellier, visiter les professeur Venel et Gouan qu'il estime et dont il est aimé, il refuse opiniâtrement, croyant voir dans ces propositions généreuses de nouveaux piéges tendus par ses persécuteurs, ou de nouvelles occasions d'insulte.

Cependant il arrêta de repasser en Angleterre, de se rendre à Wootton, son ancienne habitation, pour y finir ses jours dans la solitude. Au mois de novembre, il reçut du duc de Choiseul, alors premier ministre, le passeport qu'il avait demandé pour retourner dans cet exil volontaire ; mais la misère, la rigueur de la saison, des difficultés auxquelles il ne s'étai pas attendu, les retards mis par l'ambassadeur d'Angleterre dans sa réponse, firent encore abandonner ce projet, comme tant d'autres. Il s'adressa de rechef au prince de Conti pour rentrer chez lui ; il n'obtint pas d'autorisation immédiate ; dès lors, il se figura que toutes ses lettres étaient interceptées, décachetées et lues aussi bien que celles qu'on lui adressait ; il recommanda à tous ceux qui lui écrivaient de ne le faire que par duplicata ou d'une façon détournée, d'employer l'in-

termédiaire de noms étrangers; il inventa mille procédés, prit
des mesures inouïes pour tromper la haine de ses ennemis ou
de ses envieux, qui cherchaient à surprendre ses secrets et une
occasion de le perdre à tout jamais.

Je dois le déclarer, ces persécutions, ces embûches, ces in-
discrétions dont on se rendait coupable envers lui, n'exis-
taient d'une manière réelle que dans son imagination. C'é-
tait chez lui une véritable manie, une maladie. C'est ainsi,
du reste, que le comprenaient les quelques hommes intelli-
gents qui lui étaient sincèrement attachés, qui conservaient
des relations avec lui, pardonnant tous les écarts, toutes les
bizarreries de son esprit tourmenté sans cesse par des craintes le plus souvent chimériques. En vain son ami Dupérou essayait de le calmer, lui démontrant la futilité de ses griefs,
lui conseillant le mépris, sinon l'oubli des injures, vantant le
calme de l'ame qui réagit si heureusement sur l'état physique.
« Vos maximes, répondait Rousseau, sont très stoïques et
très belles, quoique un peu outrées, comme sont celles de Sé-
nèque, et généralement celles de tous ceux qui philosophent
tranquillement dans leur cabinet, sur les malheurs dont ils
sont loin. J'ai appris assurément à n'estimer l'opinion d'au-
trui que ce qu'elle vaut, et je crois savoir, du moins aussi
bien que vous, de combien de choses la paix de l'ame dédom-
mage; mais que seule elle tient lieu de tout, et rende heureux les infortunés, voilà ce que j'avoue ne pouvoir admettre,
ne pouvant, tant que je suis homme, compter totalement pour
rien la voix de la nature pâtissante, et le cri de l'innocence
avilie. Certaines découvertes amplifiées, peut-être par mon
imagination, m'ont jeté durant plusieurs jours dans une agi-
tation fiévreuse qui m'a fait beaucoup de mal, et qui, tant
qu'elle a duré, m'a empêché de vous répondre. Tout est
calmé, je suis content de moi, et j'espère ne plus cesser de
l'être, puisqu'il ne peut plus rien m'arriver de la part des

hommes, à quoi je n'ai appris à m'attendre et à quoi je ne sois préparé. »

Les heures de calme où de loisir que les chagrins réels, ou que les mauvaises dispositions de son esprit laissaient à Rousseau, étaient passées par lui dans la compagnie de quelques hommes instruits de Bourgoin ou des environs : c'étaient entr'autres Messieurs de Champagneux et de Rosières, M. de Menon (J.-Jacques eut plus tard, à Paris, des relations fréquentes avec le commandeur, parent de celui-ci); M. de Saint-Germain (dont Rousseau fait un très grand éloge dans ses lettres), était en quelque sorte devenu son confident; il parle, dans plusieurs endroits, de la fermeté, de la prudence, du courage de ce gentilhomme.

Des herborisations dans les campagnes environnantes lui facilitaient les moyens d'augmenter, sans frais, ses collections. Tantôt sur les collines, sur les plateaux de Champagneux, de Maubec, dans les bois de Rosières, tantôt sur les rivages de la petite rivière de Bourbre, dans les plaines marécageuses de Jailleux et de St. Marcel, il demandait à l'étude de la nature un adoucissement à ses peines. Au retour, son bonheur était de classer son herbier, de dessécher ses plantes. Si le mauvais temps ne permettait pas ses promenades, s'il était seul, il s'adonnait à la lecture des ouvrages des philosophes ou des grands maîtres; le Tasse était son poète favori, il l'apprenait par cœur, le mettait en musique. Les visiteurs le trouvèrent plus d'une fois chantant, d'une voix cassée et tremblotante, l'épisode d'Olinde et de Sophronie.

Le jeu d'échecs, pour lequel il eut toute sa vie une passion malheureuse, était encore un de ses délassements favoris. Dans son intérieur, il abandonnait entièrement sa direction, sa conduite à Thérèse Levasseur, son épouse, qui exerçait sur lui un très grand empire. C'est dans ces moments de tranquillité et de plaisir qu'il s'écriait avec insouciance : « Il est

ridicule de donner tant d'importance à une existence aussi fugitive que la nôtre ; j'attends sans impatience que la mienne
soit fixée; le reste, qui devient tous les jours moindre, est à la
merci de la nature et des hommes, ce n'est plus la peine de le
leur disputer : j'aimerais assez à passer ce reste dans la grotte
de la Balme, si les chauves-souris ne l'empuantissaient pas. »

Mais ce calme, ce repos apparent ne furent pas de longue
durée ; dans le courant de décembre 1768, J.-Jacques tomba
gravement malade. On commençait le desséchement des marais de Bourgoin ; la saison n'était pas très froide, mais très
humide ; la fièvre intermittente régnait dans le pays d'une manière épidémique, elle frappa Rousseau ; il fut pris d'un
gonflement considérable du ventre, surtout vers les organes
digestifs supérieurs, les membres s'engorgèrent ; il lui fut,
dès lors, impossible de se baisser, de se chausser, et même de
tenir une plume ; une gêne extrême dans la respiration survint, l'amaigrissement fut rapide, la faiblesse très marquée.
Le malade, impassible au milieu de ses douleurs, crut qu'il
allait être, avant peu, délivré des misères de la vie ; il sentit
approcher la mort avec sang-froid. Plein de résignation, il
indiqua à ses amis les dispositions qu'ils devaient prendre relativement à ses ouvrages et à ses papiers. « Si j'avais eu plus
de forces et de moyens, faisait-il écrire, le 12 janvier 1769, à
M. Dupérou; que ma santé fût moins désespérée, je tâcherais
d'aller travailler à la rétablir dans quelqu'habitation plus convenable à mon tempérament; mais le mal me paraît sans remède, je suis très faible, c'est une grande fatigue pour moi
de me transplanter.......» Une autre fois, il répondait à une
lettre dans laquelle son ami s'efforçait de relever son espérance
et son énergie : « Je commence d'entrevoir le repos que vous
m'annoncez et que j'ai pressenti même avant vous ; un grand
mal d'estomac accompagné d'enflure, d'étouffement et de
fièvre m'en montre la route, autre que celle que vous avez pré-

vue, mais la seule par laquelle j'y puis parvenir ; cette bizarre maladie a des relâches que je paie par des retours cruels. Je crois que l'air et l'eau de ce pays marécageux sont la cause de mon mal, je ne m'en suis pas senti tout seul, et ma femme, qui vient d'être aussi malade, en a éprouvé sa part.....»

Rousseau avait raison pour le germe de sa maladie, c'est bien aux émanations marécageuses qu'il en était redevable, mais, il prenait le change, il se trompait sur la gravité et sur la terminaison que devaient avoir ses souffrances. L'art triompha de cette affection qu'il se plaisait à considérer comme incurable. Un jeune médecin de la localité, le docteur Ménier, avait été appelé ; ses conseils furent suivis ; Rousseau, malgré cette répugnance pour la médecine qu'il a exprimée dans plusieurs passages de ses œuvres, se vit contraint de se soumettre au traitement indiqué : l'affection fut entravée dans sa marche. Pour se venger, il médit de son médecin, le poursuivit de sarcasmes et de plaisanteries de toute nature. Il en parle, dans deux de ses lettres, en termes très peu flatteurs; il semble ne plus se souvenir des services qu'il en a reçus.

Le docteur Ménier, mort il y a seulement quelques années, dans un âge très avancé, n'avait point gardé rancune à Jean-Jacques du jugement sévère et peut-être injuste, exprimé sur sa personne, il ne parlait jamais du philosophe qu'avec la plus grande considération. Mais, le public, sans doute à tort, s'est toujours rappelé la première opinion, le premier sentiment de Rousseau sur son jeune médecin.

D'autres conditions hygiéniques devenant indispensables, un air plus vif, plus pur, étant jugé nécessaire, le docteur Ménier fit transporter Jean-Jacques à la campagne. Il choisit pour sa nouvelle demeure, une gentilhommière portant le nom de Montquin, située sur la hauteur, exposée au midi et au levant. Elle dépendait du château de Sezarge, éloignée de Bourgoin d'une demi-lieue environ ; le propriétaire s'était fait un plaisir de l'offrir pour y recevoir le pauvre malade. Au premier février 1769, l'installation était complète.—

Cette maison propre, isolée, pleinement dans les goûts de Rousseau, fut exclusivement consacrée à son habitation. Une servante qui paraisssait n'être établie en ces lieux que pour les garder, fut laissée à son service. Il avait fallu vaincre une répugnance très grande, lever des difficultés nombreuses pour décider Rousseau à ce changement de domicile. Son caractère inquiet, susceptible, restait le même au milieu des souffrances. Il n'éprouva pas immédiatement une amélioration dans son état, la convalescence se fit attendre. Dans la dernière quinzaine de février 1769, répondant à son ami Dupérou, tourmenté de ne pas recevoir de ses nouvelles, il lui disait : « Je suis sur ma montagne, où mon nouvel établissement et mon estomac me rendent pénible d'écrire ; mon état n'est pas empiré depuis que je suis ici, mais je souffre toujours beaucoup..... »

Les pensées de mort l'assiégeaient sans cesse, on peut s'en convaincre par ces paroles : « Ma situation, la nécessité, mon goût, tout me porte à borner mes désirs et mes soins à finir dans cette solitude, des jours, dont, grâce au ciel, je ne crois pas le terme éloigné. Accablé des maux de la vie et de l'injustice des hommes, j'approche avec joie d'un séjour où tout cela ne pénètre point ; en attendant, je ne veux plus m'occuper, si je puis, qu'à me rapprocher de moi-même, et à goûter ici, entre la compagne de mes infortunes et mon cœur et Dieu qui le voit, quelques heures de douceur et de paix, en attendant la dernière. Qu'on ne me parle plus de projets, il n'en est plus pour moi d'autre en ce monde que celui d'en sortir...... »

Une crainte venait de temps en temps l'agiter au milieu de ses sentiments religieux et de résignation, celle de voir ses ennemis s'attacher à sa mémoire pour la flétrir, *comme de*

vils corbeaux s'attachent à des cadavres pour les dévorer. Si
ses amis, pour relever son moral, essayaient de le distraire de
ses préoccupations, l'accusaient de voir les choses toujours sous
leur aspect le plus fâcheux : « Non, je ne fais pas du noir
comme vous prétendez, s'écriait-il, mais, c'est moi qu'on en
barbouille.... » Puis, revenant en lui-même, laissant de côté
ces tristes pensées, il ajoutait : « Quoiqu'il en soit, en quittant Bourgoin, j'ai quitté tous les soucis qui m'en ont rendu
le séjour aussi déplaisant que nuisible. L'état où je suis a
plus fait pour ma tranquillité que les leçons de la philosophie
et de la raison. J'ai vécu, je suis content de l'emploi de ma
vie, et, du même œil que j'en vois les restes, je vois aussi les
évènements qui les peuvent remplir... »

A cette époque cependant, quelque soulagement existait
déjà dans ses souffrances, il pouvait faire quelques pas, il se
promenait dans les bosquets environnaants; une lettre à son
cher Moultou, de la fin du mois de février 1769, en est la
preuve. « Quoique je ne puisse plus me baisser pour herboriser, je ne puis renoncer aux plantes, je les observe avec
plus de plaisir que jamais.... » Plus bas, il ajoutait : « J'her-
boriserai jusqu'à la mort et au-delà ; car s'il y a des fleurs
aux Champs Elysées, j'en formerai des couronnes pour les
hommes vrais, francs, droits, et tels qu'assurément j'aurais
mérité d'en trouver sur la terre. »

Il semblait, en quelque sorte, devenu insensible à la passion
de la gloire, de la renommée qu'il avait recherchée avec
tant d'ardeur ; ainsi son ami Beau-Château, dont il avait,
jusque-là, convoité les louanges, les marques d'estime avec
tant d'empressement, lui proposant de faire frapper une
médaille en son honneur, reçut la réponse suivante : « J'approche d'un séjour où les injustices des hommes ne pénètrent
pas. La seule chose que je désire en les quittant, est de les
laisser tous heureux et en paix. Vous vous moquez de moi

avec votre médaille. Allez, je ne veux point d'autre médaille
que celle qui restera dans les cœurs des honnêtes gens qui
me survivront, et qui connaîtront mes sentiments et ma
destinée. »

C'est dans ces dispositions morales, c'est au milieu de ces
douleurs physiques que Rousseau composa ces pages admi-
rables dans lesquelles il s'applique par le raisonnement à dé-
montrer l'existence de Dieu à un jeune homme qui le ques-
tionnait sur ses convictions à cet égard, et lui annonçait que
le résultat de ses propres recherches, de ses réflexions personnelles sur *l'Auteur de toutes choses* l'avait conduit à un
état de doute. Cette leçon de philosophie que Rousseau a
tracée en douze ou treize pages, est, à notre avis, une de ses
plus brillantes, de ses plus logiques compositions : elle se
distingue par la puissance, par la précision des arguments ;
les preuves s'enchaînent et se succèdent avec méthode et ra-
pidité ; cet écrit, dans plus d'un endroit, peu orthodoxe, à la
vérité, pour un catholique pur, renferme la plupart des qua-
lités éminentes qui caractérisent les autres œuvres de l'auteur. —

Un fait singulier que je ne saurais passer sous silence,
donnera peut-être un mérite, une valeur de plus à ce dis-
cours aux yeux de quelques hommes : il a été écrit par
Jean-Jacques placé dans des conditions extérieures qui devaient naturellement donner à son esprit une tendance, une
impulsion opposées à la thèse, aux principes qu'il y soutient.
Il avait sous les yeux un spectacle, des éléments qui semblaient
lui prêcher l'athéisme et l'incrédulité. La chambre qui lui servait de retraite, les appartements que M. Sezarge avait eu soin
de faire décorer exprès pour lui, dans les idées du jour, étaient
ornés de fresques du goût de l'époque, style Louis XV, dans
lesquelles des images plus ou moins libres invitaient aux plai-
sirs des sens ; des représentations grotesques de sujets bibli-

ques ou religieux tournaient en ridicule l'Histoire sainte, et
Dieu lui-même. Aujourd'hui encore, on voit assez bien con-
servée la reproduction de l'orgie de Loth et de ses filles, et, en
regard, la peinture burlesque du Sacrifice d'Abraham. Le
père, armé d'un long fusil, ajuste Isaac d'un air terrible, mais,
un ange, pour l'arrêter dans son dessein, vole, et, planant
au dessus de l'arme à feu, humecte la poudre, en employant
un *procédé très simple*, qui ne suffirait plus à cette heure, depuis l'invention des capsules et des fusils à piston.

C'est un fermier de M. le comte de Meffray, héritier de la
famille Sezarge qui occupe aujourd'hui l'ancienne maison de
Rousseau; il fait lui-même avec simplicité et bonhommie l'ex-
plication des peintures qui existent encore, il rappelle aussi
quelques-unes de celles que le temps a détruites.

Le souvenir de cet hôte illustre est resté très vif dans le pays :
il y a quelques années à peine, plusieurs vieillards disaient
l'avoir connu. Des anecdotes sur sa vie y sont conservées par
tradition. Si Rousseau était parfois emporté et haineux, son
cœur avait aussi des élans de générosité capables de lui faire
pardonner ses défauts : le trait suivant qui est authentique,
en est la preuve. A proximité de la retraite de Montquin,
toujours sur la hauteur, dans le petit village de Maubec, la
cabane d'un pauvre paysan devint la proie des flammes. Ce
malheureux, en un instant, fut réduit à la plus profonde dé-
tresse. Rousseau, témoin de ce désastre et du désespoir d'une
famille ruinée, donna sur le champ la somme nécessaire pour
relever l'habitation, pour acheter de nouveaux instruments de
travail. On m'a montré la bicoque couverte de chaume, re-
construite par ses bienfaits; elle est occupée encore par de
pauvres cultivateurs descendants de celui qu'il secourut; la
mémoire de Rousseau vit dans leur cœur, ils ne connaissent
de lui que sa générosité. Leur demeure est désignée à Maubec
sous le nom de *maison du bon Jean-Jacques*.

Lorsque Rousseau, suivant l'impulsion de son cœur, accomplit cet acte de libéralité, ses ressources financières étaient cependant loin d'être brillantes. La copie, les épreuves de plusieurs de ses ouvrages, entr'autres de sa dissertation : *Quelle est la première vertu du héros?* lui avaient été dérobées. La vente à un éditeur était devenue impossible ; pour subvenir à ses dépenses journalières, il venait de se défaire des livres qui lui restaient composant sa bibliothèque rapportée d'Angleterre. M. Lalliaud, qu'il avait chargé de la commission, lui avait fait remettre le produit de cette vente depuis peu de temps seulement.

Ce ne fut, à dire vrai, qu'au milieu du mois de mars, que Rousseau renaquit à l'espérance, que sa guérison apparut probable ; on le voit dans une lettre datée du 17 : « Je me trouve beaucoup mieux, je respire et j'agis beaucoup plus librement, quoique l'estomac ne soit pas désenflé ; outre l'effet de l'air et de l'eau marécageuse, je crois devoir en grande partie mon incommodité au vin du cabaret dont j'ai apporté avec moi une vingtaine de bouteilles, et dont j'ai senti le mauvais effet toutes les fois que j'en ai bu. Tous les cabaretiers de Bourgoin falsifient et frelatent leurs vins avec de l'alun, et rien n'est plus pernicieux surtout pour moi. »

A mesure que la santé revenait, les travers, les instincts naturels de Rousseau se manifestaient de rechef, on peut en juger par ces lignes écrites le 17 mai 1769 : « La nature qui se ranime me ranime aussi, je reprends des forces et j'herborise ; le pays où je suis serait très agréable, s'il avait d'autres habitants ; j'avais semé quelques plantes dans le jardin, on les a détruites ; cela m'a déterminé à n'avoir plus d'autres jardins que les prés et les bois.... » Il attribuait ainsi à la malveillance, à des ennemis cachés, un simple fait du hasard. Déjà, mécontent, il songeait à abandonner ce paisible séjour ; il en prévenait le prince de Conti, le 31 mai 1769 ; ne pou-

vant rester volontairement en ces lieux, il ne voulait pas non
plus permettre à ses protecteurs de lui choisir un autre refuge.
Il fit, au mois de juin, une absence de Montquin durant trois
semaines environ, il se rendit à Lyon, et de là à Nevers pour
y présenter ses devoirs à son ancien hôte de Trye. La chaleur,
la poussière, la marche, le fatiguèrent extrêmement; mais il
supporta toutes ces peines, soutenu par le plaisir que lui firent éprouver les jolies fleurs qu'il cueillit sur sa route. Il
trouva, chemin faisant, plusieurs plantes nouvelles pour lui.
Le Nivernais était, à cette époque, peu fréquenté, et, par con-
séquent, peu connu des botanistes amateurs. C'est au retour de cette expédition, qu'éclata la première rupture sérieuse de Jean-Jacqnes avec Thérèse Levasseur. Cette vie
monotome du philosophe, isolé dans son hermitage, ne
pouvait être comprise par elle, ne pouvait lui plaire, elle
s'enfuit brusquement de Montquin, après une violente alter-
cation. C'est de cette époque que date la première brouille
de quelque durée, et les reproches amers faïts par écrit.
C'est alors que Rousseau abandonné, traça cette lettre, pleine
de sensibilité, dans laquelle il tâche de ramener sa chère
compagne, en rappelant tout ce qu'il a fait pour elle; il lui
exprime les sentiments les plus affectueux, lui pose des règles
de conduite pleines de sagesse. Cette lecture peut donner
une idée de l'amitié profonde que Jean-Jacques portait à sa
femme, et de l'empire que Thérèse, sans s'en douter peut-
être, exerçait sur l'esprit de son époux. Cette lettre est une
des plus curieuse de la volumineuse correspondance. C'est des
plaintes qu'elle renferme qu'il est question dans la *Biographie
universelle* de Michaud, mais elles sont, comme on le voit à
présent, bien postérieures au temps qu'on leur assigne dans
cet ouvrage.

Le rapprochement entre les deux époux, ne tarda pas
toutefois à s'opérer, Thérèse reparut à Montquin. Après

quelques jours de calme, passés sans reproches, sans discussions. Rousseau, heureux du changement qui semblait s'être produit dans les sentiments, dans les manières de sa femme, organisa une partie de plaisir, avec quelques amis, une herborisation au Mont-Pilat. Il partit avec le gouverneur de Bourgoin, MM. de Rosières, ses compagnons habituels, avec le docteur Ménier. Le voyage se fit à pied; la première journée de marche fut longue et pénible, ils allèrent coucher à Vienne. Cette excursion par ses résultats ne répondit pas aux espérances conçues: loin de là, une pluie continuelle vint les contrarier dans leurs recherches ; ils n'avaient pas de guide pour leur indiquer les bonnes localités; la saison était trop avancée pour les fleurs, les graines ne se trouvaient pas encore en maturité, c'était au milieu du mois d'août. La montagne, par un temps affreux, leur parut nécessairement triste, inculte et déserte. — Au reste, elle n'a rien du pittoresque et de la variété des montagnes de la Suisse. — C'est à peine s'il leur fut possible de collectionner quelques plantes, telles que le *meum*, le *raisin d'ours*, le *doronic*, la *bistorte*, le *napel*, la *thymélie*. L'*onogra*, le *sonchus alpinus*, le *lichen islandicus* furent les plus précieuses richesses qu'ils récoltèrent.

En vain Rousseau, sortant de son caractère habituel, s'efforça-t-il d'être gai, jovial, pour exciter la verve de ses camarades, ses peines furent perdues. Il fit des frais inutiles, composant et fredonnant des chansons, les mettant en musique ou bien racontant des anecdotes, des histoires plaisantes, il n'y eut ni aisance, ni joie, ni familiarité entr'eux; la conversation resta froide, l'étiquette fut ridiculement respectée, le cérémonial ordinaire de la société mal à propos maintenu.

Les trois compagnons qui, par politesse, feignaient d'aimer la botanique, n'étaient que très médiocrement enthousiastes des œuvres de la nature, ils se laissaient, en quelque sorte, diriger, ils s'extasiaient parfois, mais par complaisance; une

pluie d'averse qui se prolongea aussi longtemps que la pro-
menade, refroidit singulièrement leur admiration. Contrariés
en route par l'orage, ils se trouvèrent encore plus désappoin-
tés en arrivant au terme de leur course, sur les hauteurs du
Mont-Pilat : pour se remettre, ils n'eurent qu'un mauvais gîte,
le souper fut maigre et détestable; du foin ressuant et tout
mouillé leur servit de lit; Rousseau auquel on fit les honneurs,
eut un matelas, mais *rembourré de puces*. Seul, il ne manqua
pas de philosophie en cette circonstance; habitué aux coups
du sort, il sut prendre son parti en brave. La patience ne
l'abandonna qu'au retour, chemin faisant, voici à quel sujet :
il était contrarié dans ses études, distrait de ses recherches
par les demandes, par les observations incessantes du docteur
Ménier qui se regardait comme son élève en botanique, et
voulait, sous sa direction, commencer un herbier : tantôt ce
médecin l'accablait de questions inopportunes, tantôt abordant
Jean-Jacques en triomphe, et d'un air de connaisseur, il lui
montrait une plante, dont il ignorait les caractères, c'était
par exemple le napel qu'il prenait pour l'ancolie, en voulant
le déterminer.

Pour mettre le comble aux contrariétés du voyage et à la
mauvaise humeur qu'elles réveillaient, un dogue énorme vint
attaquer et massacra à demi Sultan, le chien favori de Jean-
Jacques; le pauvre animal blessé, épouvanté, s'égara dans
sa fuite, on le crut perdu, mais quel ne fut pas l'étonnement
de Rousseau, lorsqu'après six jours d'absence, retournant à
Montquin, Sultan se précipita à sa rencontre; il était guéri,
avait traversé le Rhône à la nage, fait plus de douze lieues
à travers des pays inconnus, pour rentrer dans l'habitation de son maître. Ce dernier jura et tint parole de ne plus
entreprendre d'excursions scientifiques en pareilles conditions.
L'histoire de ce malencontreux pèlerinage au Mont-Pilat cou-
rut le monde, fit grand bruit, on rit des tribulations du philo-

sophe, mais on ne songea pas à le plaindre : il les a décrites lui-même en style très animé, dans plusieurs passages de ses livres. Arrivé à une extrême vieillesse, le docteur Ménier, l'un des héros de l'épopée, se plaisait à raconter leur voyage; ses impressions étaient alors bien différentes de celles exprimées par son compagnon.

A peine remis de ses ennuis et de ses fatigues, Roussseau fit une chute violente, se blessa gravement le poignet de la main droite; à la fin d'octobre, il était à peine guéri, qu'il devint garde-malade : Thérèse Levasseur se mit au lit pour une affection sérieuse, un rhumatisme général. Dès lors, les visites du docteur Ménier recommencèrent plus assidues; une correspondance sinon intime, du moins suivie, s'établit entre Jean-Jacques et lui. Des lettres fort intéressantes, entièrement inédites, inconnues, sont entre les mains de son fils, qui, de chirurgien militaire, employé dans l'armée d'Afrique, s'est fait industriel et habite Paris.

L'hiver, au mois de décembre 1769, apparut avec toutes ses rigueurs : la glace, la neige rendirent les communications très difficiles, les chemins presqu'impraticables; Rousseau à Montquin, éloigné de tout secours, de toute société, cloîtré dans une chambre disposée pour la belle saison et où il était impossible de se préserver du froid, où, suivant ses propres paroles, il gelait auprès d'un grand feu en se rôtissant, songea par force à chercher une autre demeure. « Je ne veux pas m'éloigner de ce pays, marque-t-il à M. Moulton, en janvier 1770, sans vous en donner avis : la campagne ici n'est plus tenable, il y fait presqu'aussi froid que dans ma chambre; l'onglée, quand je veux écrire, me fait tomber la plume des doigts. » Mais les préparatifs de ce départ durèrent toute la mauvaise saison qui fut rude pour lui. Les plaintes, la maladie de sa femme, ses souffrances personnelles, l'isolement absolu, les privations de toute espèce, l'indécision de son

ame, les contrariétés, l'incertitude du départ, la crainte
de s'exposer de rechef aux sarcasmes, à la vengeance de ses
ennemis, ramenaient dans son esprit toutes les noires pensées
qui le tourmentaient à Bourgoin ; elles l'accablèrent, plus
sombres, plus cruelles que jamais. Cependant, la nécessité le
pressait, il se mit en devoir de vendre cette collection de plantes qui lui avait coûté tant de peines, sa bibliothèque spéciale
de botanique. Avec cet argent, il avait à payer la pension
accordée par lui, depuis trois années, à Mme Gonceru, née
Rousseau, sa tante ; malgré sa misère, il s'acquittait toujours
d'avance ; il devait, d'autre part, faire face à ses dépenses, à
ses besoins domestiques.

Dans cette position précaire, il lui arrivait encore de temps
en temps d'oublier tous ses embarras, toutes ses inquiétudes, et,
ses forces le permettant, il essayait de percer la neige, il bravait
les frimats pour rechercher les lichens, récolter les mousses des
bois d'alentour. Dans ses heures de solitude, il trouvait pour
sa correspondance, pour les lettres, une activité plus grande.

Il communiqua son prochain départ à toutes ses connaissances, j'allais dire à tous ses amis, il leur fit savoir et même
il annonça publiquement qu'il reprenait son nom de famille,
celui de Rousseau ; il composa plusieurs épîtres, plusieurs dis-
sertations philosophiques pour le poète du Belloy, pour M. de
Saint-Germain, pour une jeune dame qui lui demandait des
conseils. Toutes ces pièces sont très curieuses ; il revient, dans
quelques-unes, sur sa vie toute entière, examinant, scrutant
le passé ; il juge sa propre conduite, ses principes, aussi bien
que les actions, que les pensées de la plupart des personnages
illustres avec lesquels il a vécu. Ces pages, empreintes parfois
d'un sentiment de rancune et de haine contre les hommes en général, contre les grands, contre les Encyclopédistes
en particulier, sont en quelque sorte une suite aux *Confessions* : sans doute, on ne peut admettre comme justes, comme

exacts tous les portraits qu'elles contiennent, mais, elles inté-
ressent au plus haut degré par la franchise, par la vigueur
et même par l'amertume avec lesquelles elles sont tracées.

La Savoie, l'Angleterre, la Provence, la Normandie, Paris,
Lyon, etc., etc., furent les points principaux que Jean-Jacques indécis choisit et rejeta tour-à-tour comme lieux de refuge, sans rien fixer. La fin du mois d'avril 1770, le trouva
dans ses mêmes dispositions; malheureux, irrésolu, agité,
habitant toujours Sezarges que sa pensée avait fui depuis
longtemps. Le départ ne s'exécuta qu'à la fin du mois de mai.
Thérèse Levasseur en fut la cause déterminante; c'est elle
qui amena une rupture brutale entre Rousseau et M. de
Sezarges. Cette femme que Jean-Jacques avait connue servante, dans une mauvaise auberge de la rue des Cordiers, à
Paris, qu'il avait élevée jusqu'à lui, sans pouvoir, malgré ses
soins assidus, changer sa nature grossière, avait quelques-uns
des défauts de son mari, sans que rien en elle put les faire
excuser ou pardonner.

Oubliant sa condition première, impérieuse, exigeante
vis-à-vis des personnes laissées à son service par ses hôtes
bienveillants, elle maltraita une des domestiques du château
de Maubec, qu'elle prétendait lui avoir manqué de respect.
La servante outragée se fit justice à elle-même, de ses propres mains, avant de porter plainte à ses maîtres, qui recon-
nurent son bon droit dans la dispute, et ne purent lui donner
tort d'une manière éclatante, sans se montrer injustes et in-
grats. Rousseau, absent au moment de cette querelle, n'eut et
ne consulta que le témoignage de sa femme, ne l'apprit que
de sa bouche : *ab irato*, sans rechercher la vérité, il écrivit à
M. de Sezarges : « Je vous avoue que vous connaissant pour
un gentilhomme plein d'honneur et de probité, je n'apprends
pas sans surprise la tranquillité avec laquelle vous avez souf-
fert, en mon absence, les outrages atroces que ma femme a

reçu du bandit en cotillon auquel Mme Sezarges a jugé à propos de nous livrer.... Je sais bien qu'on vous taxe d'avoir peu d'autorité chez vous, mais je ne vous aurais pas cru dénué de crédit dans votre propre maison au point de n'y pouvoir procurer la sûreté aux hôtes que vous y avez placés vous-même. Puisqu'en cela, toutefois, je me suis trompé, et, puisque Mme Sézarges ne voit d'autre remède aux mauvais traitements que je puis recevoir dès gens qui dépendent d'elle que d'en être désolée, ne trouvez pas mauvais, jusqu'à ce que je puisse me procurer une autre demeure, que réduit à moi seul pour toute ressource, je tâche de me faire la justice que je ne puis obtenir, en pourvoyant de mon mieux à ma propre défense et à la protection que je dois à ma femme. »

Leur déménagement s'opéra avec promptitude, et à peu de frais, il était facile : une charrette, louée à Montquin, conduisait à Lyon, chez Mme Bois de Latour, quelques hardes, l'herbier, et les livres composant les restes de sa bibliothèque déjà bien diminuée. M. Dupérou qui s'était proposé pour acquéreur, pouvait de là recevoir l'expédition à son gré; les moyens de transport étaient commodes et certains, mais il mit, pour condition première au marché, la clause délicate que le vendeur garderait la jouissance de ses livres et de sa collection, durant toute sa vie.

A près de soixante ans, pauvre valétudinaire, Rousseau reprit le bâton du voyageur, il dit adieu pour jamais aux campagnes de Bourgoin, pour recommencer son existence nomade. Suivant sa fortune, il s'arrêta quelques jours à Lyon pour y revoir ses amis; Mme Bois de Latour, lui offrit l'hospitalité, mais ne le retint pas longtemps; de Lyon, il se rendit à Paris, où il fit une plus longue station. Mais, dans l'intervalle, il visita, sans s'y fixer, différentes contrées où on lui offrait des retraites tranquilles. Enfin, après huit années de courses et de tribulations diverses, il vint mourir subitement à

Ermenonville, chez le comte de Girardin, ce fut le 3 juillet 1778.

Sa veuve, comme on le sait, se remaria peu de temps après, quoiqu'âgée de plus de cinquante ans, avec un jeune garçon jardinier.